国家危险废物名录
（2025 年版）

生　态　环　境　部
国家发展和改革委员会
公　　安　　部　发布
交　通　运　输　部
国家卫生健康委员会

应急管理出版社

·北　京·

图书在版编目（CIP）数据

国家危险废物名录：2025年版 / 生态环境部等发布. 北京：应急管理出版社，2025. -- ISBN 978-7-5237-0951-1

Ⅰ. X7-62

中国国家版本馆CIP数据核字第2024TT8857号

国家危险废物名录（2025年版）

发　　布　生态环境部　国家发展和改革委员会　公安部　交通运输部　国家卫生健康委员会
责任编辑　郑　义
编　　辑　孟　琪　杨　帆
责任校对　赵　盼
封面设计　安德馨

出版发行　应急管理出版社（北京市朝阳区芍药居35号　100029）
电　　话　010-84657898（总编室）　010-84657880（读者服务部）
网　　址　www.cciph.com.cn
印　　刷　北京四海锦诚印刷技术有限公司
经　　销　全国新华书店

开　　本　850mm×1168mm 1/32　**印张**　2 7/8　**字数**　53千字
版　　次　2025年2月第1版　2025年2月第1次印刷
社内编号　20220490　**定价**　18.00元

目　　录

国家危险废物名录（2025年版）

部令　第36号

《国家危险废物名录（2025年版）》已于2024年11月8日由生态环境部2024年第5次部务会议审议通过，并经国家发展改革委、公安部、交通运输部、国家卫生健康委同意，现予公布，自2025年1月1日起施行。

生态环境部部长　黄润秋
国家发展改革委主任　郑栅洁
公安部部长　王小洪
交通运输部部长　刘　伟
国家卫生健康委主任　雷海潮
2024年11月26日

国家危险废物名录（2025年版）

第一条 根据《中华人民共和国固体废物污染环境防治法》的有关规定，制定本名录。

第二条 具有下列情形之一的固体废物（包括液态废物），列入本名录：

（一）具有毒性、腐蚀性、易燃性、反应性或者感染性一种或者几种危险特性的；

（二）不排除具有危险特性，可能对生态环境或者人体健康造成有害影响，需要按照危险废物进行管理的。

第三条 列入本名录附录《危险废物豁免管理清单》中的危险废物，在所列的豁免环节，且满足相应的豁免条件时，可以按照豁免内容的规定实行豁免管理。

第四条 危险废物与其他物质混合后的固体废物，以及危险废物利用处置后的固体废物的属性判定，按照国家规定的危险废物鉴别标准执行。

第五条 本名录中有关术语的含义如下：

（一）废物类别，是在《控制危险废物越境转移及其处置巴塞尔公约》划定的类别基础上，结合我国实际情况对危险废物进行的分类。

（二）行业来源，是指危险废物的产生行业。

（三）废物代码，是指危险废物的唯一代码，为 8 位数字。其中，第 1 ~3 位为危险废物产生行业代码（依据《国民经济行业分类（GB/T 4754—2017）》确定），第 4 ~6 位为危险废物顺序代码，第 7 ~8 位为危险废物类别代码。

（四）危险特性，是指对生态环境和人体健康具有有害影响的毒性（Toxicity，T）、腐蚀性（Corrosivity，C）、易燃性（Ignitability，I）、反应性（Reactivity，R）和感染性（Infectivity，In）。

第六条　对不明确是否具有危险特性的固体废物，应当按照国家规定的危险废物鉴别标准和鉴别方法予以认定。

经鉴别具有危险特性的，属于危险废物，应当根据其主要有害成分和危险特性对照本名录中已有废物代码进行归类；无法按已有废物代码归类的，应当确定其所属废物类别，按代码“900 -000 - × ×”（× ×为危险废物类别代码）进行归类管理。

经鉴别不具有危险特性的，不属于危险废物。

第七条　本名录根据实际情况实行动态调整。

第八条　本名录自 2025 年 1 月 1 日起施行。《国家危险废物名录（2021 年版）》（生态环境部、国家发展和改革委员会、公安部、交通运输部、国家卫生健康委员会令第 15 号）同时废止。

附表

国家危险废物名录

废物类别	行业来源	废物代码	危 险 废 物	危险特性
HW01 医疗废物	卫生	841－001－01	感染性废物	In
		841－002－01	损伤性废物	In
		841－003－01	病理性废物	In
		841－004－01	化学性废物	T/C/I/R
		841－005－01	药物性废物	T
HW02 医药废物	化学药品原料药制造	271－001－02	化学合成原料药生产过程中产生的蒸馏及反应残余物	T
		271－002－02	化学合成原料药生产过程中产生的废母液及反应基废物	T
		271－003－02	化学合成原料药生产过程中产生的废脱色过滤介质	T
		271－004－02	化学合成原料药生产过程中产生的废吸附剂	T
		271－005－02	化学合成原料药及中间体生产过程中的废弃的产品及中间体	T

（续）

废物类别	行业来源	废物代码	危险废物	危险特性
HW02 医药废物	化学药品制剂制造	272-001-02	化学药品制剂生产过程中原料药提纯精制、再加工产生的蒸馏及反应残余物	T
		272-003-02	化学药品制剂生产过程中产生的废脱色过滤介质及吸附剂	T
		272-005-02	化学药品制剂生产过程中产生的废弃的产品及原料药	T
	兽用药品制造	275-001-02	使用砷或者有机砷化合物生产兽药过程中产生的废水处理污泥	T
		275-002-02	使用砷或者有机砷化合物生产兽药过程中产生的蒸馏残余物	T
		275-003-02	使用砷或者有机砷化合物生产兽药过程中产生的废脱色过滤介质及吸附剂	T
		275-004-02	其他兽药生产过程中产生的蒸馏及反应残余物	T
		275-005-02	其他兽药生产过程中产生的废脱色过滤介质及吸附剂	T
		275-006-02	兽药生产过程中产生的废母液、反应基和培养基废物	T

（续）

废物类别	行业来源	废物代码	危 险 废 物	危险特性
HW02 医药废物	兽用药品制造	275－008－02	兽药生产过程中产生的废弃的产品及原料药	T
	生物药品制品制造	276－001－02	利用生物技术生产生物化学药品、基因工程药物过程中产生的蒸馏及反应残余物	T
		276－002－02	利用生物技术生产生物化学药品、基因工程药物（不包括利用生物技术合成他汀类降脂药物、降糖类药物）过程中产生的废母液、反应基和培养基废物	T
		276－003－02	利用生物技术生产生物化学药品、基因工程药物（不包括利用生物技术合成他汀类降脂药物、降糖类药物）过程中产生的废脱色过滤介质	T
		276－004－02	利用生物技术生产生物化学药品、基因工程药物过程中产生的废吸附剂	T
		276－005－02	利用生物技术生产生物化学药品、基因工程药物及中间体过程中产生的废弃的产品、原料药和中间体	T

（续）

废物类别	行业来源	废物代码	危 险 废 物	危险特性
HW03 废药物、药品	非特定行业	900-002-03	销售及使用过程中产生的失效、变质、不合格、淘汰、伪劣的化学药品和生物制品，以及《医疗用毒性药品管理办法》中所列的毒性中药	T
HW04 农药废物	农药制造	263-001-04	氯丹生产过程中六氯环戊二烯过滤产生的残余物，及氯化反应器真空汽提产生的废物	T
		263-002-04	乙拌磷生产过程中甲苯回收工艺产生的蒸馏残渣	T
		263-003-04	甲拌磷生产过程中二乙基二硫代磷酸过滤产生的残余物	T
		263-004-04	2，4，5-三氯苯氧乙酸生产过程中四氯苯蒸馏产生的重馏分及蒸馏残余物	T
		263-005-04	2，4-二氯苯氧乙酸生产过程中苯酚氯化工段产生的含2，6-二氯苯酚精馏残渣	T
		263-006-04	乙烯基双二硫代氨基甲酸及其盐类生产过程中产生的过滤、蒸发和离心分离残余物及废水处理污泥，产品研磨和包装工序集（除）尘装置收集的粉尘和地面清扫废物	T

（续）

废物类别	行业来源	废物代码	危 险 废 物	危险特性
HW04 农药废物	农药制造	263－007－04	溴甲烷生产过程中产生的废吸附剂、反应器产生的蒸馏残液和废水分离器产生的废物	T
		263－008－04	其他农药生产过程中产生的蒸馏及反应残余物（不包括赤霉酸发酵滤渣）	T
		263－009－04	农药生产过程中产生的废母液、反应罐及容器清洗废液	T
		263－010－04	农药生产过程中产生的废滤料及吸附剂	T
		263－011－04	农药生产过程中产生的废水处理污泥（不包括赤霉酸生产废水生化处理污泥）和蒸发处理残渣（液）	T
		263－012－04	农药生产、配制过程中产生的过期原料和废弃产品	T
	非特定行业	900－003－04	销售及使用过程中产生的失效、变质、不合格、淘汰、伪劣的农药产品，以及废弃的与农药直接接触或者含有农药残余物的包装物	T
HW05 木材防腐剂废物	木材加工	201－001－05	使用五氯酚进行木材防腐过程中产生的废水处理污泥，以及木材防腐处理过程中产生的沾染该防腐剂的废弃木材残片	T

（续）

废物类别	行业来源	废物代码	危 险 废 物	危险特性
HW05 木材防腐剂废物	木材加工	201-002-05	使用杂酚油进行木材防腐过程中产生的废水处理污泥，以及木材防腐处理过程中产生的沾染该防腐剂的废弃木材残片	T
		201-003-05	使用含砷、铬等无机防腐剂进行木材防腐过程中产生的废水处理污泥，以及木材防腐处理过程中产生的沾染该防腐剂的废弃木材残片	T
	专用化学产品制造	266-001-05	木材防腐化学品生产过程中产生的反应残余物、废过滤介质及吸附剂	T
		266-002-05	木材防腐化学品生产过程中产生的废水处理污泥	T
		266-003-05	木材防腐化学品生产、配制过程中产生的过期原料和废弃产品	T
	非特定行业	900-004-05	销售及使用过程中产生的失效、变质、不合格、淘汰、伪劣的木材防腐化学药品	T
HW06 废有机溶剂与含有机溶剂废物	非特定行业	900-401-06	工业生产中作为清洗剂、萃取剂、溶剂或者反应介质使用后废弃的四氯化碳、二氯甲烷、1，1-二氯乙烷、1，2-二氯乙烷、1，1，1-三氯乙烷、1，1，2-三氯乙烷、三氯乙烯、四氯乙烯，以及在使用前混合的含有一种或者多种上述卤化溶剂的混合/调和溶剂	T，I

（续）

废物类别	行业来源	废物代码	危险废物	危险特性
HW06 废有机溶剂与含有机溶剂废物	非特定行业	900－402－06	工业生产中作为清洗剂、萃取剂、溶剂或者反应介质使用后废弃的有机溶剂，包括苯、苯乙烯、丁醇、丙酮、正己烷、甲苯、邻二甲苯、间二甲苯、对二甲苯、1，2，4－三甲苯、乙苯、乙醇、异丙醇、乙醚、丙醚、乙酸甲酯、乙酸乙酯、乙酸丁酯、丙酸丁酯、苯酚，以及在使用前混合的含有一种或者多种上述溶剂的混合/调和溶剂	T，I，R
		900－404－06	工业生产中作为清洗剂、萃取剂、溶剂或者反应介质使用后废弃的其他列入《危险化学品目录》的有机溶剂，以及在使用前混合的含有一种或者多种上述溶剂的混合/调和溶剂	T，I，R
		900－405－06	900－401－06、900－402－06、900－404－06 中所列废有机溶剂再生处理过程中产生的废活性炭及其他过滤吸附介质	T，I，R
		900－407－06	900－401－06、900－402－06、900－404－06 中所列废有机溶剂分馏再生过程中产生的高沸物和釜底残渣	T，I，R
		900－409－06	900－401－06、900－402－06、900－404－06 中所列废有机溶剂再生处理过程中产生的废水处理浮渣和污泥（不包括废水生化处理污泥）	T

（续）

废物类别	行业来源	废物代码	危 险 废 物	危险特性
HW07 热处理含氰废物	金属表面处理及热处理加工	336-001-07	使用氰化物进行金属热处理产生的淬火池残渣	T，R
		336-002-07	使用氰化物进行金属热处理产生的淬火废水处理污泥	T，R
		336-003-07	含氰热处理炉维修过程中产生的废内衬	T，R
		336-004-07	热处理渗碳炉产生的热处理渗碳氰渣	T，R
		336-005-07	金属热处理工艺盐浴槽（釜）清洗产生的含氰残渣和含氰废液	T，R
		336-049-07	氰化物热处理和退火作业过程中产生的残渣	T，R
HW08 废矿物油与含矿物油废物	石油开采	071-001-08	石油开采和联合站贮存产生的油泥和油脚	T，I
		071-002-08	以矿物油为连续相配制钻井泥浆用于石油开采所产生的钻井岩屑和废弃钻井泥浆	T
	天然气开采	072-001-08	以矿物油为连续相配制钻井泥浆用于天然气开采所产生的钻井岩屑和废弃钻井泥浆	T
	精炼石油产品制造	251-001-08	清洗矿物油储存、输送设施过程中产生的油/水和烃/水混合物	T

（续）

废物类别	行业来源	废物代码	危 险 废 物	危险特性
HW08 废矿物油与含矿物油废物	精炼石油产品制造	251-002-08	石油初炼过程中储存设施、油-水-固态物质分离器、积水槽、沟渠及其他输送管道、污水池、雨水收集管道产生的含油污泥	T，I
		251-003-08	石油炼制过程中含油废水隔油、气浮、沉淀等处理过程中产生的浮油、浮渣和污泥（不包括废水生化处理污泥）	T
		251-004-08	石油炼制过程中溶气浮选工艺产生的浮渣	T，I
		251-005-08	石油炼制过程中产生的溢出废油或者乳剂	T，I
		251-006-08	石油炼制换热器管束清洗过程中产生的含油污泥	T
		251-010-08	石油炼制过程中澄清油浆槽底沉积物	T，I
		251-011-08	石油炼制过程中进油管路过滤或者分离装置产生的残渣	T，I
		251-012-08	石油炼制过程中产生的废过滤介质	T
	电子元件及专用材料制造	398-001-08	锂电池隔膜生产过程中产生的废白油	T
	橡胶制品业	291-001-08	橡胶生产过程中产生的废溶剂油	T，I

（续）

废物类别	行业来源	废物代码	危 险 废 物	危险特性
HW08 废矿物油与含矿物油废物	非特定行业	900－199－08	内燃机、汽车、轮船等集中拆解过程产生的废矿物油及油泥	T，I
		900－200－08	珩磨、研磨、打磨过程产生的废矿物油及油泥	T，I
		900－201－08	清洗金属零部件过程中产生的废弃的煤油、柴油、汽油及其他由石油和煤炼制生产的溶剂油	T，I
		900－203－08	使用淬火油进行表面硬化处理产生的废矿物油	T
		900－204－08	使用轧制油、冷却剂及酸进行金属轧制产生的废矿物油	T
		900－205－08	镀锡及焊锡回收工艺产生的废矿物油	T
		900－209－08	金属、塑料的定型和物理机械表面处理过程中产生的废石蜡和润滑油	T，I
		900－210－08	含油废水处理中隔油、气浮、沉淀等处理过程中产生的浮油、浮渣和污泥（不包括废水生化处理污泥）	T，I
		900－213－08	废矿物油再生净化过程中产生的沉淀残渣、过滤残渣、废过滤吸附介质	T，I

（续）

废物类别	行业来源	废物代码	危 险 废 物	危险特性
HW08 废矿物油与含矿物油废物	非特定行业	900－214－08	车辆、轮船及其他机械维修过程中产生的废发动机油、制动器油、自动变速器油、齿轮油等废润滑油	T，I
		900－215－08	废矿物油裂解再生过程中产生的裂解残渣	T，I
		900－216－08	使用防锈油进行铸件表面防锈处理过程中产生的废防锈油	T，I
		900－217－08	使用工业齿轮油进行机械设备润滑过程中产生的废润滑油	T，I
		900－218－08	液压设备维护、更换和拆解过程中产生的废液压油	T，I
		900－219－08	冷冻压缩设备维护、更换和拆解过程中产生的废冷冻机油	T，I
		900－220－08	变压器维护、更换和拆解过程中产生的废变压器油	T，I
		900－221－08	废燃料油及燃料油储存过程中产生的油泥	T，I
		900－249－08	其他生产、销售、使用过程中产生的废矿物油及沾染矿物油的废弃包装物	T，I
HW09 油/水、烃/水混合物或者乳化液	非特定行业	900－005－09	水压机维护、更换和拆解过程中产生的油/水、烃/水混合物或者乳化液	T

（续）

废物类别	行业来源	废物代码	危 险 废 物	危险特性
HW09 油/水、烃/水混合物或者乳化液	非特定行业	900－006－09	使用切削油或者切削液进行机械加工过程中产生的油/水、烃/水混合物或者乳化液	T
		900－007－09	其他工艺过程中产生的废弃的油/水、烃/水混合物或者乳化液	T
HW10 多氯（溴）联苯类废物	非特定行业	900－008－10	含有多氯联苯（PCBs）、多氯三联苯（PCTs）和多溴联苯（PBBs）的废弃的电容器、变压器	T
		900－009－10	含有 PCBs、PCTs 和 PBBs 的电力设备的清洗液	T
		900－010－10	含有 PCBs、PCTs 和 PBBs 的电力设备中废弃的介质油、绝缘油、冷却油及导热油	T
		900－011－10	含有或者沾染 PCBs、PCTs 和 PBBs 的废弃的包装物及容器	T
HW11 精（蒸）馏残渣	精炼石油产品制造	251－013－11	石油精炼过程中产生的酸焦油和其他焦油	T
	煤炭加工	252－001－11	炼焦过程中蒸氨塔残渣和洗油再生残渣	T
		252－002－11	煤气净化过程氨水分离设施底部的废焦油和焦油渣	T

（续）

废物类别	行业来源	废物代码	危险废物	危险特性
HW11 精（蒸）馏残渣	煤炭加工	252－003－11	炼焦副产品回收过程中萘精制产生的残渣	T
		252－004－11	炼焦过程中焦油储存设施中的焦油渣	T
		252－005－11	煤焦油加工过程中焦油储存设施中的焦油渣	T
		252－007－11	炼焦及煤焦油加工过程中的废水池残渣	T
		252－009－11	轻油回收过程中的废水池残渣	T
		252－010－11	炼焦、煤焦油加工和苯精制过程中产生的废水处理污泥（不包括废水生化处理污泥）	T
		252－011－11	焦炭生产过程中硫铵工段煤气除酸净化产生的酸焦油	T
		252－012－11	焦化粗苯酸洗法精制过程产生的酸焦油及其他精制过程产生的蒸馏残渣	T
		252－013－11	焦炭生产过程中产生的脱硫废液	T
		252－016－11	煤沥青改质过程中产生的闪蒸油	T
		252－017－11	固定床气化技术生产化工合成原料气、燃料油合成原料气过程中粗煤气冷凝产生的废焦油和焦油渣	T

（续）

废物类别	行业来源	废物代码	危 险 废 物	危险特性
HW11 精（蒸）馏残渣	燃气生产和供应业	451－001－11	煤气生产行业煤气净化过程中产生的煤焦油渣	T
		451－002－11	固定床气化技术制煤气过程中产生的废水处理污泥（不包括废水生化处理污泥）	T
		451－003－11	煤气生产过程中煤气冷凝产生的废煤焦油	T
	基础化学原料制造	261－007－11	乙烯法制乙醛生产过程中产生的蒸馏残渣	T
		261－008－11	乙烯法制乙醛生产过程中产生的蒸馏次要馏分	T
		261－009－11	苄基氯生产过程中苄基氯蒸馏产生的蒸馏残渣	T
		261－010－11	四氯化碳生产过程中产生的蒸馏残渣和重馏分	T
		261－011－11	表氯醇生产过程中精制塔产生的蒸馏残渣	T
		261－012－11	异丙苯生产过程中精馏塔产生的重馏分	T
		261－013－11	萘法生产邻苯二甲酸酐过程中产生的蒸馏残渣和轻馏分	T
		261－014－11	邻二甲苯法生产邻苯二甲酸酐过程中产生的蒸馏残渣和轻馏分	T
		261－015－11	苯硝化法生产硝基苯过程中产生的蒸馏残渣	T

（续）

废物类别	行业来源	废物代码	危险废物	危险特性
HW11 精（蒸）馏残渣	基础化学原料制造	261-016-11	甲苯二异氰酸酯生产过程中产生的蒸馏残渣和离心分离残渣	T
		261-017-11	1，1，1-三氯乙烷生产过程中产生的蒸馏残渣	T
		261-018-11	三氯乙烯和四氯乙烯联合生产过程中产生的蒸馏残渣	T
		261-019-11	苯胺生产过程中产生的蒸馏残渣	T
		261-020-11	苯胺生产过程中苯胺萃取工序产生的蒸馏残渣	T
		261-021-11	二硝基甲苯加氢法生产甲苯二胺过程中干燥塔产生的反应残余物	T
		261-022-11	二硝基甲苯加氢法生产甲苯二胺过程中产品精制产生的轻馏分	T
		261-023-11	二硝基甲苯加氢法生产甲苯二胺过程中产品精制产生的废液	T
		261-024-11	二硝基甲苯加氢法生产甲苯二胺过程中产品精制产生的重馏分	T

（续）

废物类别	行业来源	废物代码	危 险 废 物	危险特性
HW11 精（蒸）馏残渣	基础化学原料制造	261－025－11	甲苯二胺光气化法生产甲苯二异氰酸酯过程中溶剂回收塔产生的有机冷凝物	T
		261－026－11	氯苯、二氯苯生产过程中的蒸馏及分馏残渣	T
		261－027－11	使用羧酸肼生产1，1－二甲基肼过程中产品分离产生的残渣	T
		261－028－11	乙烯溴化法生产二溴乙烯过程中产品精制产生的蒸馏残渣	T
		261－029－11	α－氯甲苯、苯甲酰氯和含此类官能团的化学品生产过程中产生的蒸馏残渣	T
		261－030－11	四氯化碳生产过程中的重馏分	T
		261－031－11	二氯乙烯单体生产过程中蒸馏产生的重馏分	T
		261－032－11	氯乙烯单体生产过程中蒸馏产生的重馏分	T
		261－033－11	1，1，1－三氯乙烷生产过程中蒸汽汽提塔产生的残余物	T
		261－034－11	1，1，1－三氯乙烷生产过程中蒸馏产生的重馏分	T
		261－035－11	三氯乙烯和四氯乙烯联合生产过程中产生的重馏分	T

（续）

废物类别	行业来源	废物代码	危 险 废 物	危险特性
HW11 精（蒸）馏残渣	基础化学原料制造	261－101－11	苯泵式硝化生产硝基苯过程中产生的重馏分	T，R
		261－102－11	铁粉还原硝基苯生产苯胺过程中产生的重馏分	T
		261－103－11	以苯胺、乙酸酐或者乙酰苯胺为原料生产对硝基苯胺过程中产生的重馏分	T
		261－104－11	对硝基氯苯氨解生产对硝基苯胺过程中产生的重馏分	T，R
		261－105－11	氨化法、还原法生产邻苯二胺过程中产生的重馏分	T
		261－106－11	苯和乙烯直接催化、乙苯和丙烯共氧化、乙苯催化脱氢生产苯乙烯过程中产生的重馏分	T
		261－107－11	二硝基甲苯还原催化生产甲苯二胺过程中产生的重馏分	T
		261－108－11	对苯二酚氧化生产二甲氧基苯胺过程中产生的重馏分	T
		261－109－11	萘磺化生产萘酚过程中产生的重馏分	T
		261－110－11	苯酚、三甲苯水解生产4，4′－二羟基二苯砜过程中产生的重馏分	T

（续）

废物类别	行业来源	废物代码	危险废物	危险特性
HW11 精（蒸）馏残渣	基础化学原料制造	261－111－11	甲苯硝基化合物羰基化法、甲苯碳酸二甲酯法生产甲苯二异氰酸酯过程中产生的重馏分	T
		261－113－11	乙烯直接氯化生产二氯乙烷过程中产生的重馏分	T
		261－114－11	甲烷氯化生产甲烷氯化物过程中产生的重馏分	T
		261－115－11	甲醇氯化生产甲烷氯化物过程中产生的釜底残液	T
		261－116－11	乙烯氯醇法、氧化法生产环氧乙烷过程中产生的重馏分	T
		261－117－11	乙炔气相合成、氧氯化生产氯乙烯过程中产生的重馏分	T
		261－118－11	乙烯直接氯化生产三氯乙烯、四氯乙烯过程中产生的重馏分	T
		261－119－11	乙烯氧氯化法生产三氯乙烯、四氯乙烯过程中产生的重馏分	T
		261－120－11	甲苯光气法生产苯甲酰氯产品精制过程中产生的重馏分	T
		261－121－11	甲苯苯甲酸法生产苯甲酰氯产品精制过程中产生的重馏分	T

（续）

废物类别	行业来源	废物代码	危 险 废 物	危险特性
HW11 精（蒸）馏残渣	基础化学原料制造	261－122－11	甲苯连续光氯化法、无光热氯化法生产氯化苄过程中产生的重馏分	T
		261－123－11	偏二氯乙烯氢氯化法生产1，1，1－三氯乙烷过程中产生的重馏分	T
		261－124－11	醋酸丙烯酯法生产环氧氯丙烷过程中产生的重馏分	T
		261－125－11	异戊烷（异戊烯）脱氢法生产异戊二烯过程中产生的重馏分	T
		261－126－11	化学合成法生产异戊二烯过程中产生的重馏分	T
		261－127－11	碳五馏分分离生产异戊二烯过程中产生的重馏分	T
		261－128－11	合成气加压催化生产甲醇过程中产生的重馏分	T
		261－129－11	水合法、发酵法生产乙醇过程中产生的重馏分	T
		261－130－11	环氧乙烷直接水合生产乙二醇过程中产生的重馏分	T
		261－131－11	乙醛缩合加氢生产丁二醇过程中产生的重馏分	T
		261－132－11	乙醛氧化生产醋酸蒸馏过程中产生的重馏分	T

（续）

废物类别	行业来源	废物代码	危险废物	危险特性
HW11 精（蒸）馏残渣	基础化学原料制造	261-133-11	丁烷液相氧化生产醋酸过程中产生的重馏分	T
		261-134-11	电石乙炔法生产醋酸乙烯酯过程中产生的重馏分	T
		261-135-11	氢氰酸法生产原甲酸三甲酯过程中产生的重馏分	T
		261-136-11	β-苯胺乙醇法生产靛蓝过程中产生的重馏分	T
	石墨及其他非金属矿物制品制造	309-001-11	电解铝及其他有色金属电解精炼过程中预焙阳极、碳块及其他碳素制品制造过程烟气处理所产生的含焦油废物	T
	环境治理业	772-001-11	废矿物油再生过程中产生的酸焦油	T
	非特定行业	900-013-11	其他化工生产过程（不包括以生物质为主要原料的加工过程）中精馏、蒸馏和热解工艺产生的高沸点釜底残余物	T
HW12 染料、涂料废物	涂料、油墨、颜料及类似产品制造	264-002-12	铬黄和铬橙颜料生产过程中产生的废水处理污泥	T
		264-003-12	钼酸橙颜料生产过程中产生的废水处理污泥	T
		264-004-12	锌黄颜料生产过程中产生的废水处理污泥	T
		264-005-12	铬绿颜料生产过程中产生的废水处理污泥	T

（续）

废物类别	行业来源	废物代码	危 险 废 物	危险特性
HW12 染料、涂料废物	涂料、油墨、颜料及类似产品制造	264－006－12	氧化铬绿颜料生产过程中产生的废水处理污泥	T
		264－007－12	氧化铬绿颜料生产过程中烘干产生的残渣	T
		264－008－12	铁蓝颜料生产过程中产生的废水处理污泥	T
		264－009－12	使用含铬、铅的稳定剂配制油墨过程中，设备清洗产生的洗涤废液和废水处理污泥	T
		264－010－12	油墨生产、配制过程中产生的废蚀刻液	T
		264－011－12	染料、颜料及中间体生产过程中产生的废母液、残渣、废吸附剂和中间体	T
		264－012－12	其他油墨、染料、颜料、油漆（不包括水性漆）生产过程中产生的废水处理污泥和蒸发处理残渣（液）	T
		264－013－12	油漆、油墨生产、配制和使用过程中产生的含颜料、油墨的废有机溶剂	T
	非特定行业	900－250－12	使用有机溶剂、光漆进行光漆涂布、喷漆工艺过程中产生的废物	T，I

（续）

废物类别	行业来源	废物代码	危 险 废 物	危险特性
HW12 染料、涂料废物	非特定行业	900－251－12	使用油漆（不包括水性漆）、有机溶剂进行阻挡层涂敷过程中产生的废物	T，I
		900－252－12	使用油漆（不包括水性漆）、有机溶剂进行喷漆、上漆过程中过喷漆雾湿法捕集产生的漆渣，以及喷涂工位和管道清理过程产生的落地漆渣	T，I
		900－253－12	使用油墨和有机溶剂进行印刷、涂布过程中产生的废物	T，I
		900－254－12	使用遮盖油、有机溶剂进行遮盖油的涂敷过程中产生的废物	T，I
		900－255－12	使用各种颜料进行着色过程中产生的废颜料	T
		900－256－12	使用酸、碱或者有机溶剂清洗容器设备过程中剥离下的废油漆、废染料、废涂料	T，I，C
		900－299－12	生产、销售及使用过程中产生的失效、变质、不合格、淘汰、伪劣的油墨、染料、颜料、油漆（不包括水性漆）	T

（续）

废物类别	行业来源	废物代码	危 险 废 物	危险特性
HW13 有机树脂类废物	合成材料制造	265－101－13	树脂、合成乳胶、增塑剂、胶水/胶合剂合成过程产生的不合格产品（不包括热塑型树脂生产过程中聚合产物经脱除单体、低聚物、溶剂及其他助剂后产生的废料，以及热固型树脂固化后的固化体）	T
		265－102－13	树脂、合成乳胶、增塑剂、胶水/胶合剂生产过程中合成、酯化、缩合等工序产生的废母液	T
		265－103－13	树脂（不包括水性聚氨酯乳液、水性丙烯酸乳液、水性聚氨酯丙烯酸复合乳液）、合成乳胶、增塑剂、胶水/胶合剂生产过程中精馏、分离、精制等工序产生的釜底残液、废过滤介质和残渣	T
		265－104－13	树脂（不包括水性聚氨酯乳液、水性丙烯酸乳液、水性聚氨酯丙烯酸复合乳液）、合成乳胶、增塑剂、胶水/胶合剂合成过程中产生的废水处理污泥（不包括废水生化处理污泥）	T
	非特定行业	900－014－13	废弃的粘合剂和密封剂（不包括水基型和热熔型粘合剂和密封剂）	T

（续）

废物类别	行业来源	废物代码	危险废物	危险特性
HW13 有机树脂类废物	非特定行业	900－015－13	湿法冶金、表面处理和制药行业重金属、抗生素提取、分离过程产生的废弃离子交换树脂，以及工业废水处理过程产生的废弃离子交换树脂	T
		900－016－13	使用酸、碱或者有机溶剂清洗容器设备剥离下的树脂状、粘稠杂物	T
		900－451－13	废覆铜板、印刷线路板、电路板破碎分选回收金属后产生的废树脂粉	T
HW14 新化学物质废物	非特定行业	900－017－14	研究、开发和教学活动中产生的对人类或者环境影响不明的化学物质废物	T/C/I/R
HW15 爆炸性废物	炸药、火工及焰火产品制造	267－001－15	炸药生产和加工过程中产生的废水处理污泥	R，T
		267－002－15	含爆炸品废水处理过程中产生的废活性炭	R，T
		267－003－15	生产、配制和装填铅基起爆药剂过程中产生的废水处理污泥	R，T

（续）

废物类别	行业来源	废物代码	危险废物	危险特性
HW15 爆炸性废物	炸药、火工及焰火产品制造	267－004－15	三硝基甲苯生产过程中产生的粉红水、红水，以及废水处理污泥	T，R
HW16 感光材料废物	专用化学产品制造	266－009－16	显（定）影剂、正负胶片、像纸、感光材料生产过程中产生的不合格产品和过期产品	T
		266－010－16	显（定）影剂、正负胶片、像纸、感光材料生产过程中产生的残渣和废水处理污泥	T
	印刷	231－001－16	使用显影剂进行胶卷显影，使用定影剂进行胶卷定影，以及使用铁氰化钾、硫代硫酸盐进行影像减薄（漂白）产生的废显（定）影剂、胶片和废像纸	T
		231－002－16	使用显影剂进行印刷显影、抗蚀图形显影，以及凸版印刷产生的废显（定）影剂、胶片和废像纸	T
	电子元件及电子专用材料制造	398－001－16	使用显影剂、氢氧化物、偏亚硫酸氢盐、醋酸进行胶卷显影产生的废显（定）影剂、胶片和废像纸	T

（续）

废物类别	行业来源	废物代码	危险废物	危险特性
HW16 感光材料废物	影视节目制作	873-001-16	电影厂产生的废显（定）影剂、胶片及废像纸	T
	摄影扩印服务	806-001-16	摄影扩印服务行业产生的废显（定）影剂、胶片和废像纸	T
	非特定行业	900-019-16	其他行业产生的废显（定）影剂、胶片和废像纸	T
HW17 表面处理废物	金属表面处理及热处理加工	336-050-17	使用氯化亚锡进行敏化处理产生的废渣和废水处理污泥	T
		336-051-17	使用氯化锌、氯化铵进行敏化处理产生的废渣和废水处理污泥	T
		336-052-17	使用锌和电镀化学品进行镀锌产生的废槽液、槽渣和废水处理污泥	T
		336-053-17	使用镉和电镀化学品进行镀镉产生的废槽液、槽渣和废水处理污泥	T
		336-054-17	使用镍和电镀化学品进行镀镍产生的废槽液、槽渣和废水处理污泥	T
		336-055-17	使用镀镍液进行镀镍产生的废槽液、槽渣和废水处理污泥	T

（续）

废物类别	行业来源	废物代码	危 险 废 物	危险特性
HW17 表面处理废物	金属表面处理及热处理加工	336－056－17	使用硝酸银、碱、甲醛进行敷金属法镀银产生的废槽液、槽渣和废水处理污泥	T
		336－057－17	使用金和电镀化学品进行镀金产生的废槽液、槽渣和废水处理污泥	T
		336－058－17	使用镀铜液进行化学镀铜产生的废槽液、槽渣和废水处理污泥	T
		336－059－17	使用钯和锡盐进行活化处理产生的废渣和废水处理污泥	T
		336－060－17	使用铬和电镀化学品进行镀黑铬产生的废槽液、槽渣和废水处理污泥	T
		336－061－17	使用高锰酸钾进行钻孔除胶处理产生的废渣和废水处理污泥	T
		336－062－17	使用铜和电镀化学品进行镀铜产生的废槽液、槽渣和废水处理污泥	T
		336－063－17	其他电镀工艺产生的废槽液、槽渣和废水处理污泥	T

（续）

废物类别	行业来源	废物代码	危 险 废 物	危险特性
HW17 表面处理废物	金属表面处理及热处理加工	336-064-17	金属或者塑料表面酸（碱）洗、除油、除锈（不包括喷砂除锈）、洗涤、磷化、出光、化抛工艺产生的废腐蚀液、废洗涤液、废槽液、槽渣和废水处理污泥（不包括：铝、镁材（板）表面酸（碱）洗、粗化、硫酸阳极处理、磷酸化学抛光废水处理污泥，铝电解电容器用铝电极箔化学腐蚀、非硼酸系化成液化成废水处理污泥，铝材挤压加工模具碱洗（煲模）废水处理污泥，碳钢酸洗除锈废水处理污泥）	T/C
		336-066-17	镀层剥除过程中产生的废槽液、槽渣和废水处理污泥	T
		336-067-17	使用含重铬酸盐的胶体、有机溶剂、黏合剂进行漩流式抗蚀涂布产生的废渣和废水处理污泥	T
		336-068-17	使用铬化合物进行抗蚀层化学硬化产生的废渣和废水处理污泥	T
		336-069-17	使用铬酸镀铬产生的废槽液、槽渣和废水处理污泥	T
		336-100-17	使用铬酸进行阳极氧化产生的废槽液、槽渣和废水处理污泥	T

（续）

废物类别	行业来源	废物代码	危险废物	危险特性
HW17 表面处理废物	金属表面处理及热处理加工	336－101－17	使用铬酸进行塑料表面粗化产生的废槽液、槽渣和废水处理污泥	T
HW18 焚烧处置残渣	环境治理业	772－002－18	生活垃圾焚烧飞灰	T
		772－003－18	具有毒性、感染性中一种或者两种危险特性的危险废物焚烧、热解等处置过程产生的飞灰、废水处理污泥和底渣（不包括生活垃圾焚烧炉协同处置感染性医疗废物产生的底渣）	T/In
		772－004－18	危险废物等离子体、高温熔融等处置过程产生的非玻璃态物质和飞灰	T
		772－005－18	固体废物焚烧处置过程中废气处理产生的废活性炭	T
HW19 含金属羰基化合物废物	非特定行业	900－020－19	金属羰基化合物生产、使用过程中产生的含有羰基化合物成分的废物	T
HW20 含铍废物	基础化学原料制造	261－040－20	铍及其化合物生产过程中产生的熔渣、集（除）尘装置收集的粉尘和废水处理污泥	T

（续）

废物类别	行业来源	废物代码	危险废物	危险特性
HW21 含铬废物	毛皮鞣制及制品加工	193－001－21	使用铬鞣剂进行铬鞣、复鞣工艺产生的废水处理污泥和残渣	T
		193－002－21	皮革、毛皮鞣制及切削过程产生的含铬废碎料	T
	基础化学原料制造	261－041－21	铬铁矿生产铬盐过程中产生的铬渣	T
		261－042－21	铬铁矿生产铬盐过程中产生的铝泥	T
		261－043－21	铬铁矿生产铬盐过程中产生的芒硝	T
		261－044－21	铬铁矿生产铬盐过程中产生的废水处理污泥	T
		261－137－21	铬铁矿生产铬盐过程中产生的其他废物	T
		261－138－21	以重铬酸钠和浓硫酸为原料生产铬酸酐过程中产生的含铬废液	T
	铁合金冶炼	314－001－21	铬铁硅合金生产过程中集（除）尘装置收集的粉尘	T
		314－002－21	铁铬合金生产过程中集（除）尘装置收集的粉尘	T

（续）

废物类别	行业来源	废物代码	危 险 废 物	危险特性
HW21 含铬废物	铁合金冶炼	314－003－21	铁铬合金生产过程中金属铬铝热法冶炼产生的冶炼渣	T
	电子元件及电子专用材料制造	398－002－21	使用铬酸进行钻孔除胶处理产生的废渣和废水处理污泥	T
HW22 含铜废物	玻璃制造	304－001－22	使用硫酸铜进行敷金属法镀铜产生的废槽液、槽渣和废水处理污泥	T
	电子元件及电子专用材料制造	398－004－22	线路板生产过程中产生的废蚀铜液	T
		398－005－22	使用酸进行铜氧化处理产生的废液和废水处理污泥	T
		398－051－22	铜板蚀刻过程中产生的废蚀刻液和废水处理污泥	T
HW23 含锌废物	金属表面处理及热处理加工	336－103－23	热镀锌过程中产生的废助镀熔（溶）剂和集（除）尘装置收集的粉尘	T
	电池制造	384－001－23	碱性锌锰电池、锌氧化银电池、锌空气电池生产过程中产生的废锌浆	T

（续）

废物类别	行业来源	废物代码	危 险 废 物	危险特性
HW23 含锌废物	炼钢	312－001－23	废钢电炉炼钢过程中集（除）尘装置收集的粉尘和废水处理污泥	T
	非特定行业	900－021－23	使用氢氧化钠、锌粉进行贵金属沉淀过程中产生的废液和废水处理污泥	T
HW24 含砷废物	基础化学原料制造	261－139－24	硫铁矿制酸过程中烟气净化产生的酸泥	T
HW25 含硒废物	基础化学原料制造	261－045－25	硒及其化合物生产过程中产生的熔渣、集（除）尘装置收集的粉尘和废水处理污泥	T
HW26 含镉废物	电池制造	384－002－26	镍镉电池生产过程中产生的废渣和废水处理污泥	T
HW27 含锑废物	基础化学原料制造	261－046－27	锑金属及粗氧化锑生产过程中产生的熔渣和集（除）尘装置收集的粉尘	T
		261－048－27	氧化锑生产过程中产生的熔渣	T

（续）

废物类别	行业来源	废物代码	危 险 废 物	危险特性
HW28 含碲废物	基础化学原料制造	261 -050 -28	碲及其化合物生产过程中产生的熔渣、集（除）尘装置收集的粉尘和废水处理污泥	T
HW29 含汞废物	天然气开采	072 -002 -29	天然气除汞净化过程中产生的含汞废物	T
	常用有色金属矿采选	091 -003 -29	汞矿采选过程中产生的尾砂和集（除）尘装置收集的粉尘	T
	贵金属冶炼	322 -002 -29	混汞法提金工艺产生的含汞粉尘、残渣	T
	印刷	231 -007 -29	使用显影剂、汞化合物进行影像加厚（物理沉淀）以及使用显影剂、氨氯化汞进行影像加厚（氧化）产生的废液和残渣	T
	基础化学原料制造	261 -051 -29	水银电解槽法生产氯气过程中盐水精制产生的盐水提纯污泥	T
		261 -052 -29	水银电解槽法生产氯气过程中产生的废水处理污泥	T
		261 -053 -29	水银电解槽法生产氯气过程中产生的废活性炭	T
		261 -054 -29	卤素和卤素化学品生产过程中产生的含汞硫酸钡污泥	T

（续）

废物类别	行业来源	废物代码	危险废物	危险特性
HW29 含汞废物	合成材料制造	265－001－29	氯乙烯生产过程中含汞废水处理产生的废活性炭	T，C
		265－002－29	氯乙烯生产过程中吸附汞产生的废活性炭	T，C
		265－003－29	电石乙炔法生产氯乙烯单体过程中产生的废酸	T，C
		265－004－29	电石乙炔法生产氯乙烯单体过程中产生的废水处理污泥	T
	常用有色金属冶炼	321－030－29	汞再生过程中集（除）尘装置收集的粉尘，汞再生工艺产生的废水处理污泥	T
		321－033－29	铅锌冶炼烟气净化产生的酸泥	T
		321－103－29	铜、锌、铅冶炼过程中烟气氯化汞法脱汞工艺产生的废甘汞	T
	电池制造	384－003－29	含汞电池生产过程中产生的含汞废浆层纸、含汞废锌膏、含汞废活性炭和废水处理污泥	T
	照明器具制造	387－001－29	电光源用固汞及含汞电光源生产过程中产生的废活性炭和废水处理污泥	T

（续）

废物类别	行业来源	废物代码	危 险 废 物	危险特性
HW29 含汞废物	通用仪器仪表制造	401-001-29	含汞温度计生产过程中产生的废渣	T
	非特定行业	900-022-29	废弃的含汞催化剂	T
		900-023-29	生产、销售及使用过程中产生的废含汞荧光灯管及其他废含汞电光源，及废弃含汞电光源处理处置过程中产生的废荧光粉、废活性炭和废水处理污泥	T
		900-024-29	生产、销售及使用过程中产生的废含汞温度计、废含汞血压计、废含汞真空表、废含汞压力计、废氧化汞电池和废汞开关，以及《关于汞的水俣公约》管控的其他废含汞非电子测量仪器	T
		900-054-29	已禁止使用的，所有者申报废弃的，以及有关部门依法收缴或者接收且需要销毁的《关于汞的水俣公约》管控的汞和汞化合物	T
		900-452-29	含汞废水处理过程中产生的废树脂、废活性炭和污泥	T
HW30 含铊废物	基础化学原料制造	261-055-30	铊及其化合物生产过程中产生的熔渣、集（除）尘装置收集的粉尘和废水处理污泥	T

（续）

废物类别	行业来源	废物代码	危 险 废 物	危险特性
HW31 含铅废物	玻璃制造	304－002－31	使用铅盐和铅氧化物进行显像管玻璃熔炼过程中产生的废渣	T
	电子元件及电子专用材料制造	398－052－31	线路板制造过程中电镀铅锡合金产生的废液	T
	电池制造	384－004－31	铅蓄电池生产过程中产生的废渣、集（除）尘装置收集的粉尘和废水处理污泥	T
	工艺美术及礼仪用品制造	243－001－31	使用铅箔进行烤钵试金法工艺产生的废烤钵	T
	非特定行业	900－052－31	废铅蓄电池及废铅蓄电池拆解过程中产生的废铅板、废铅膏和酸液	T，C
		900－025－31	使用硬脂酸铅进行抗黏涂层过程中产生的废物	T
HW32 无机氟化物废物	非特定行业	900－026－32	使用氢氟酸进行蚀刻产生的废蚀刻液	T，C

（续）

废物类别	行业来源	废物代码	危 险 废 物	危险特性
HW33 无机氰化物废物	贵金属矿采选	092－003－33	采用氰化物进行黄金选矿过程中产生的含氰废水处理污泥和金精矿氰化尾渣	T
	金属表面处理及热处理加工	336－104－33	使用氰化物进行浸洗过程中产生的废液	T，R
	非特定行业	900－027－33	使用氰化物进行表面硬化、碱性除油、电解除油产生的废物	T，R
		900－028－33	使用氰化物剥落金属镀层产生的废物	T，R
		900－029－33	使用氰化物和双氧水进行化学抛光产生的废物	T，R
HW34 废酸	精炼石油产品制造	251－014－34	石油炼制过程产生的废酸及酸泥	C，T
	涂料、油墨、颜料及类似产品制造	264－013－34	硫酸法生产钛白粉（二氧化钛）过程中产生的废酸	C，T
	基础化学原料制造	261－057－34	硫酸和亚硫酸、盐酸、氢氟酸、磷酸和亚磷酸、硝酸和亚硝酸等的生产、配制过程中产生的废酸及酸渣	C，T

（续）

废物类别	行业来源	废物代码	危 险 废 物	危险特性
HW34 废酸	基础化学原料制造	261－058－34	卤素和卤素化学品生产过程中产生的废酸	C，T
	钢压延加工	313－001－34	钢的精加工过程中产生的废酸性洗液	C，T
	金属表面处理及热处理加工	336－105－34	青铜生产过程中浸酸工序产生的废酸液	C，T
	电子元件及电子专用材料制造	398－005－34	使用酸进行电解除油、酸蚀、活化前表面敏化、催化、浸亮产生的废酸液	C，T
		398－006－34	使用硝酸进行钻孔蚀胶处理产生的废酸液	C，T
		398－007－34	液晶显示板或者集成电路板的生产过程中使用酸浸蚀剂进行氧化物浸蚀产生的废酸液	C，T
	非特定行业	900－300－34	使用酸进行清洗产生的废酸液	C，T
		900－301－34	使用硫酸进行酸性碳化产生的废酸液	C，T
		900－302－34	使用硫酸进行酸蚀产生的废酸液	C，T

（续）

废物类别	行业来源	废物代码	危 险 废 物	危险特性
HW34 废酸	非特定行业	900－303－34	使用磷酸进行磷化产生的废酸液	C，T
		900－304－34	使用酸进行电解除油、金属表面敏化产生的废酸液	C，T
		900－305－34	使用硝酸剥落不合格镀层及挂架金属镀层产生的废酸液	C，T
		900－306－34	使用硝酸进行钝化产生的废酸液	C，T
		900－307－34	使用酸进行电解抛光处理产生的废酸液	C，T
		900－308－34	使用酸进行催化（化学镀）产生的废酸液	C，T
		900－349－34	生产、销售及使用过程中产生的失效、变质、不合格、淘汰、伪劣的强酸性擦洗粉、清洁剂、污迹去除剂以及其他强酸性废酸液和酸渣	C，T
HW35 废碱	精炼石油产品制造	251－015－35	石油炼制过程产生的废碱液和碱渣	C，T
	基础化学原料制造	261－059－35	氢氧化钙、氨水、氢氧化钠、氢氧化钾等的生产、配制中产生的废碱液、固态碱和碱渣	C

（续）

废物类别	行业来源	废物代码	危险废物	危险特性
HW35 废碱	毛皮鞣制及制品加工	193－003－35	使用氢氧化钙、硫化钠进行浸灰产生的废碱液	C，R
	纸浆制造	221－002－35	碱法制浆过程中蒸煮制浆产生的废碱液	C，T
	非特定行业	900－350－35	使用氢氧化钠进行煮炼过程中产生的废碱液	C
		900－351－35	使用氢氧化钠进行丝光处理过程中产生的废碱液	C
		900－352－35	使用碱进行清洗产生的废碱液	C，T
		900－353－35	使用碱进行清洗除蜡、碱性除油、电解除油产生的废碱液	C，T
		900－354－35	使用碱进行电镀阻挡层或者抗蚀层的脱除产生的废碱液	C，T
		900－355－35	使用碱进行氧化膜浸蚀产生的废碱液	C，T
		900－356－35	使用碱溶液进行碱性清洗、图形显影产生的废碱液	C，T
		900－399－35	生产、销售及使用过程中产生的失效、变质、不合格、淘汰、伪劣的强碱性擦洗粉、清洁剂、污迹去除剂以及其他强碱性废碱液、固态碱和碱渣	C，T

（续）

废物类别	行业来源	废物代码	危险废物	危险特性
HW36 石棉废物	石棉及其他非金属矿采选	109 -001 -36	石棉矿选矿过程中产生的废渣	T
	基础化学原料制造	261 -060 -36	卤素和卤素化学品生产过程中电解装置拆换产生的含石棉废物	T
	石膏、水泥制品及类似制品制造	302 -001 -36	石棉建材生产过程中产生的石棉尘、废石棉	T
	耐火材料制品制造	308 -001 -36	石棉制品生产过程中产生的石棉尘、废石棉	T
	汽车零部件及配件制造	367 -001 -36	车辆制动器衬片生产过程中产生的石棉废物	T
	船舶及相关装置制造	373 -002 -36	拆船过程中产生的石棉废物	T
	非特定行业	900 -030 -36	其他生产过程中产生的石棉废物	T

（续）

废物类别	行业来源	废物代码	危 险 废 物	危险特性
HW36 石棉废物	非特定行业	900 -031 -36	废石棉建材、废石棉绝缘材料	T
		900 -032 -36	含有隔膜、热绝缘体等石棉材料的设施保养拆换及车辆制动器衬片的更换产生的石棉废物	T
HW37 有机磷化合物废物	基础化学原料制造	261 -061 -37	除农药以外其他有机磷化合物生产、配制过程中产生的反应残余物	T
		261 -062 -37	除农药以外其他有机磷化合物生产、配制过程中产生的废过滤吸附介质	T
		261 -063 -37	除农药以外其他有机磷化合物生产过程中产生的废水处理污泥	T
	非特定行业	900 -033 -37	生产、销售及使用过程中产生的废弃磷酸酯抗燃油	T
HW38 有机氰化物废物	基础化学原料制造	261 -064 -38	丙烯腈生产过程中废水汽提器塔底的残余物	T，R
		261 -065 -38	丙烯腈生产过程中乙腈蒸馏塔底的残余物	T，R
		261 -066 -38	丙烯腈生产过程中乙腈精制塔底的残余物	T

（续）

废物类别	行业来源	废物代码	危 险 废 物	危险特性
HW38 有机氰化物废物	基础化学原料制造	261－067－38	有机氰化物生产过程中产生的废母液和反应残余物	T
		261－068－38	有机氰化物生产过程中催化、精馏和过滤工序产生的废催化剂、釜底残余物和过滤介质	T
		261－069－38	有机氰化物生产过程中产生的废水处理污泥	T
		261－140－38	废腈纶高温高压水解生产聚丙烯腈－铵盐过程中产生的过滤残渣	T
HW39 含酚废物	基础化学原料制造	261－070－39	酚及酚类化合物生产过程中产生的废母液和反应残余物	T
		261－071－39	酚及酚类化合物生产过程中产生的废过滤吸附介质、废催化剂、精馏残余物	T
HW40 含醚废物	基础化学原料制造	261－072－40	醚及醚类化合物生产过程（不包括成醚反应之前的合成过程）中产生的醚类残液、反应残余物、废水处理污泥（不包括废水生化处理污泥）	T
HW45 含有机卤化物废物	基础化学原料制造	261－078－45	乙烯溴化法生产二溴乙烯过程中废气净化产生的废液	T

（续）

废物类别	行业来源	废物代码	危险废物	危险特性
HW45 含有机卤化物废物	基础化学原料制造	261-079-45	乙烯溴化法生产二溴乙烯过程中产品精制产生的废吸附剂	T
		261-080-45	芳烃及其衍生物氯代反应过程中氯气和盐酸回收工艺产生的废液和废吸附剂	T
		261-081-45	芳烃及其衍生物氯代反应过程中产生的废水处理污泥	T
		261-082-45	氯乙烷生产过程中的塔底残余物	T
		261-084-45	其他有机卤化物的生产过程（不包括卤化前的生产工段）中产生的残液、废过滤吸附介质、反应残余物、废水处理污泥（不包括环氧氯丙烷皂化液处理产生的石灰渣）、废催化剂（不包括本名录 HW04、HW06、HW11、HW12、HW13、HW39 类别的危险废物）	T
		261-085-45	其他有机卤化物的生产过程中产生的不合格、淘汰、废弃的产品（不包括本名录 HW06、HW39 类别的危险废物）	T
		261-086-45	石墨作阳极隔膜法生产氯气和烧碱过程中产生的废水处理污泥	T

（续）

废物类别	行业来源	废物代码	危 险 废 物	危险特性
HW46 含镍废物	基础化学原料制造	261－087－46	镍化合物生产过程中产生的反应残余物及不合格、淘汰、废弃的产品	T
	电池制造	384－005－46	镍氢电池生产过程中产生的废渣和废水处理污泥	T
	非特定行业	900－037－46	废弃的镍催化剂	T，I
HW47 含钡废物	基础化学原料制造	261－088－47	钡化合物（不包括硫酸钡）生产过程中产生的熔渣、集（除）尘装置收集的粉尘、反应残余物、废水处理污泥	T
	金属表面处理及热处理加工	336－106－47	热处理工艺中产生的含钡盐浴渣	T
HW48 有色金属采选和冶炼废物	常用有色金属矿采选	091－001－48	硫化铜矿、氧化铜矿等铜矿物采选过程中集（除）尘装置收集的粉尘	T
		091－002－48	硫砷化合物（雌黄、雄黄及硫砷铁矿）或者其他含砷化合物的金属矿石采选过程中集（除）尘装置收集的粉尘	T
	常用有色金属冶炼	321－002－48	铜火法冶炼过程中烟气处理集（除）尘装置收集的粉尘	T
		321－031－48	铜火法冶炼烟气净化产生的酸泥（铅滤饼）	T

（续）

废物类别	行业来源	废物代码	危险废物	危险特性
HW48 有色金属采选和冶炼废物	常用有色金属冶炼	321－032－48	铜火法冶炼烟气净化产生的污酸处理过程产生的砷渣	T
		321－003－48	粗锌精炼加工过程中湿法除尘产生的废水处理污泥	T
		321－004－48	铅锌冶炼过程中，锌焙烧矿、锌氧化矿常规浸出法产生的浸出渣	T
		321－005－48	铅锌冶炼过程中，锌焙烧矿热酸浸出黄钾铁矾法产生的铁矾渣	T
		321－006－48	硫化锌矿常压氧浸或者加压氧浸产生的硫渣（浸出渣）	T
		321－007－48	铅锌冶炼过程中，锌焙烧矿热酸浸出针铁矿法产生的针铁矿渣	T
		321－008－48	铅锌冶炼过程中，锌浸出液净化产生的净化渣，包括锌粉－黄药法、砷盐法、反向锑盐法、铅锑合金锌粉法等工艺除铜、锑、镉、钴、镍等杂质过程中产生的废渣	T
		321－009－48	铅锌冶炼过程中，阴极锌熔铸产生的熔铸浮渣	T

（续）

废物类别	行业来源	废物代码	危 险 废 物	危险特性
HW48 有色金属采选和冶炼废物	常用有色金属冶炼	321-010-48	铅锌冶炼过程中，氧化锌浸出处理产生的氧化锌浸出渣	T
		321-011-48	铅锌冶炼过程中，鼓风炉炼锌锌蒸气冷凝分离系统产生的鼓风炉浮渣	T
		321-012-48	铅锌冶炼过程中，锌精馏炉产生的锌渣	T
		321-013-48	铅锌冶炼过程中，提取金、银、铋、镉、钴、铟、锗、铊、碲等金属过程中产生的废渣	T
		321-014-48	铅锌冶炼过程中，集（除）尘装置收集的粉尘	T
		321-016-48	粗铅精炼过程中产生的浮渣和底渣	T
		321-017-48	铅锌冶炼过程中，炼铅鼓风炉产生的黄渣	T
		321-018-48	铅锌冶炼过程中，粗铅火法精炼产生的精炼渣	T
		321-019-48	铅锌冶炼过程中，铅电解产生的阳极泥及阳极泥处理后产生的含铅废渣和废水处理污泥	T
		321-020-48	铅锌冶炼过程中，阴极铅精炼产生的氧化铅渣及碱渣	T

（续）

废物类别	行业来源	废物代码	危险废物	危险特性
HW48 有色金属采选和冶炼废物	常用有色金属冶炼	321－021－48	铅锌冶炼过程中，锌焙烧矿热酸浸出黄钾铁矾法、热酸浸出针铁矿法产生的铅银渣	T
		321－022－48	铅锌冶炼烟气净化产生的污酸除砷处理过程产生的砷渣	T
		321－023－48	电解铝生产过程电解槽阴极内衬维修、更换产生的废渣（大修渣）	T
		321－024－48	电解铝铝液转移、精炼、合金化、铸造过程熔体表面产生的铝灰渣，以及回收铝过程产生的盐渣和二次铝灰	R，T
		321－025－48	电解铝生产过程产生的炭渣	T
		321－026－48	再生铝和铝材加工过程中，废铝及铝锭重熔、精炼、合金化、铸造熔体表面产生的铝灰渣，及其回收铝过程产生的盐渣和二次铝灰	R
		321－034－48	铝灰热回收铝过程烟气处理集（除）尘装置收集的粉尘，铝冶炼和再生过程烟气（包括：再生铝熔炼烟气、铝液熔体净化、除杂、合金化、铸造烟气）处理集（除）尘装置收集的粉尘	T，R

（续）

废物类别	行业来源	废物代码	危险废物	危险特性
HW48 有色金属采选和冶炼废物	常用有色金属冶炼	321－027－48	铜再生过程中集（除）尘装置收集的粉尘和湿法除尘产生的废水处理污泥	T
		321－028－48	锌再生过程中集（除）尘装置收集的粉尘和湿法除尘产生的废水处理污泥	T
		321－029－48	铅再生过程中集（除）尘装置收集的粉尘和湿法除尘产生的废水处理污泥	T
		321－035－48	锡火法冶炼过程中烟气处理集（除）尘装置收集的粉尘	T
		321－036－48	锡火法冶炼烟气净化产生的酸泥	T
		321－037－48	锡火法冶炼烟气净化产生的污酸处理过程产生的砷渣	T
		321－038－48	锡再生过程中集（除）尘装置收集的粉尘和湿法除尘产生的废水处理污泥	T
	稀有稀土金属冶炼	323－001－48	以钨精矿为原料生产仲钨酸铵过程中碱分解产生的碱煮渣（钨渣）、除钼过程中产生的除钼渣和废水处理污泥	T

（续）

废物类别	行业来源	废物代码	危险废物	危险特性
HW49 其他废物	石墨及其他非金属矿物制品制造	309 -001 -49	多晶硅生产过程中废弃的三氯化硅及四氯化硅	R，C
	环境治理	772 -006 -49	采用物理、化学、物理化学或者生物方法处理或者处置毒性或者感染性危险废物过程中产生的废水处理污泥和废水处理残渣（液）	T/In
	非特定行业	900 -039 -49	烟气、VOCs 治理过程（不包括餐饮行业油烟治理过程）产生的废活性炭，化学原料和化学制品脱色（不包括有机合成食品添加剂脱色）、除杂、净化过程产生的废活性炭（不包括 900 -405 -06、772 -005 -18、261 -053 -29、265 -002 -29、384 -003 -29、387 -001 -29 类危险废物）	T
		900 -041 -49	含有或者沾染毒性、感染性危险废物的废弃的包装物、容器、过滤吸附介质	T/In
		900 -042 -49	环境事件及其处理过程中产生的沾染危险化学品、危险废物的废物	T/C/I/R/In

（续）

废物类别	行业来源	废物代码	危 险 废 物	危险特性
HW49 其他废物	非特定行业	900-044-49	废弃的镉镍电池、荧光粉和阴极射线管	T
		900-045-49	废电路板（包括已拆除或者未拆除元器件的废弃电路板），及废电路板拆解过程产生的废弃的CPU、显卡、声卡、内存、含电解液的电容器、含金等贵金属的连接件	T
		900-046-49	离子交换装置（不包括饮用水、工业纯水和锅炉软化水制备装置以及废水处理成套工艺中的离子交换装置）再生过程中产生的废水处理污泥	T
		900-047-49	生产、研究、开发、教学、环境检测（监测）活动中，化学和生物实验室（不包含感染性医学实验室及医疗机构化验室）产生的含氰、氟、重金属无机废液及无机废液处理产生的残渣、残液，含矿物油、有机溶剂、甲醛有机废液，废酸、废碱，具有危险特性的残留样品，以及沾染上述物质的一次性实验用品（不包括按实验室管理要求进行清洗后的废弃的烧杯、量器、漏斗等实验室用品）、包装物（不包括按实验室管理要求进行清洗后的试剂包装物、容器）、过滤吸附介质等	T/C/I/R

（续）

废物类别	行业来源	废物代码	危 险 废 物	危险特性
HW49 其他废物	非特定行业	900－053－49	已禁止使用的，所有者申报废弃的，以及有关部门依法收缴或者接收且需要销毁的《关于持久性有机污染物的斯德哥尔摩公约》管控的化学物质（不包括本名录 HW04、HW05、HW10 类别的危险废物）	T
		900－999－49	被所有者申报废弃的，或者未申报废弃但被非法排放、倾倒、利用、处置的，以及有关部门依法收缴或者接收且需要销毁的列入《危险化学品目录》的危险化学品（不含该目录中仅具有“加压气体”物理危险性的危险化学品）	T/C/I/R
HW50 废催化剂	精炼石油产品制造	251－016－50	石油产品加氢精制过程中产生的废催化剂	T
		251－017－50	石油炼制中采用钝镍剂进行催化裂化产生的废催化剂	T
		251－018－50	石油产品加氢裂化过程中产生的废催化剂	T
		251－019－50	石油产品催化重整过程中产生的废催化剂	T
	基础化学原料制造	261－151－50	树脂、乳胶、增塑剂、胶水/胶合剂生产过程中合成、酯化、缩合等工序产生的废催化剂	T
		261－152－50	有机溶剂生产过程中产生的废催化剂	T

（续）

废物类别	行业来源	废物代码	危险废物	危险特性
HW50 废催化剂	基础化学原料制造	261－153－50	丙烯腈合成过程中产生的废催化剂	T
		261－154－50	聚乙烯合成过程中产生的废催化剂	T
		261－155－50	聚丙烯合成过程中产生的废催化剂	T
		261－156－50	烷烃脱氢过程中产生的废催化剂	T
		261－157－50	乙苯脱氢生产苯乙烯过程中产生的废催化剂	T
		261－158－50	采用烷基化反应（歧化）生产苯、二甲苯过程中产生的废催化剂	T
		261－159－50	二甲苯临氢异构化反应过程中产生的废催化剂	T
		261－160－50	乙烯氧化生产环氧乙烷过程中产生的废催化剂	T
		261－161－50	硝基苯催化加氢法制备苯胺过程中产生的废催化剂	T
		261－162－50	以乙烯和丙烯为原料，采用茂金属催化体系生产乙丙橡胶过程中产生的废催化剂	T
		261－163－50	乙炔法生产醋酸乙烯酯过程中产生的废催化剂	T

（续）

废物类别	行业来源	废物代码	危 险 废 物	危险特性
HW50 废催化剂	基础化学原料制造	261 – 164 – 50	甲醇和氨气催化合成、蒸馏制备甲胺过程中产生的废催化剂	T
		261 – 165 – 50	催化重整生产高辛烷值汽油和轻芳烃过程中产生的废催化剂	T
		261 – 166 – 50	采用碳酸二甲酯法生产甲苯二异氰酸酯过程中产生的废催化剂	T
		261 – 167 – 50	合成气合成、甲烷氧化和液化石油气氧化生产甲醇过程中产生的废催化剂	T
		261 – 168 – 50	甲苯氯化水解生产邻甲酚过程中产生的废催化剂	T
		261 – 169 – 50	异丙苯催化脱氢生产 α – 甲基苯乙烯过程中产生的废催化剂	T
		261 – 170 – 50	异丁烯和甲醇催化生产甲基叔丁基醚过程中产生的废催化剂	T
		261 – 171 – 50	以甲醇为原料采用铁钼法生产甲醛过程中产生的废铁钼催化剂	T

（续）

废物类别	行业来源	废物代码	危险废物	危险特性
HW50 废催化剂	基础化学原料制造	261-172-50	邻二甲苯氧化法生产邻苯二甲酸酐过程中产生的废催化剂	T
		261-173-50	二氧化硫氧化生产硫酸过程中产生的废催化剂	T
		261-174-50	四氯乙烷催化脱氯化氢生产三氯乙烯过程中产生的废催化剂	T
		261-175-50	苯氧化法生产顺丁烯二酸酐过程中产生的废催化剂	T
		261-176-50	甲苯空气氧化生产苯甲酸过程中产生的废催化剂	T
		261-177-50	羟丙腈氨化、加氢生产3-氨基-1-丙醇过程中产生的废催化剂	T
		261-178-50	β-羟基丙腈催化加氢生产3-氨基-1-丙醇过程中产生的废催化剂	T
		261-179-50	甲乙酮与氨催化加氢生产2-氨基丁烷过程中产生的废催化剂	T
		261-180-50	苯酚和甲醇合成2，6-二甲基苯酚过程中产生的废催化剂	T

（续）

废物类别	行业来源	废物代码	危险废物	危险特性
HW50 废催化剂	基础化学原料制造	261－181－50	糠醛脱羰制备呋喃过程中产生的废催化剂	T
		261－182－50	过氧化法生产环氧丙烷过程中产生的废催化剂	T
		261－183－50	除农药以外其他有机磷化合物生产过程中产生的废催化剂	T
	农药制造	263－013－50	化学合成农药生产过程中产生的废催化剂	T
	化学药品原料药制造	271－006－50	化学合成原料药生产过程中产生的废催化剂	T
	兽用药品制造	275－009－50	兽药生产过程中产生的废催化剂	T
	生物药品制品制造	276－006－50	生物药品生产过程中产生的废催化剂	T
	环境治理业	772－007－50	烟气脱硝过程中产生的废钒钛系催化剂	T
	非特定行业	900－048－50	废液体催化剂	T
		900－049－50	机动车和非道路移动机械尾气净化废催化剂	T

注：1. 本附表“危险废物”列中表述的“废××”或者“废弃的××”，其中“××”是指依据我国固体废物鉴别相关标准确定的固体废物。

2. 本附表所列危险特性为危险废物的主要危险特性，不排除该危险废物可能具有其他危险特性；“，”分隔的多个危险特性代码，表示该种危险废物具有列在第一位代码所代表的危险特性，且可能具有所列其他代码代表的危险特性；“/”分隔的多个危险特性代码，表示该种危险废物具有所列代码所代表的一种或者多种危险特性。
3. 医疗废物分类按照《医疗废物分类目录》执行。
4. 如无特殊说明，本附表危险废物表述中的矿物油，以及其他未指明原料来源的油，指石油炼制产生的矿物油、煤直接液化油，不包括动植物油脂、酯基生物柴油、烃基生物柴油以及采用烯烃聚合、合成气制烃工艺生产的合成油。
5. 如无特殊说明，HW02 和 HW03 类危险废物表述中的化学药品、生物制品、药物、原料药不包括调节水、电解质、酸碱平衡药以及氨基酸、维生素、矿物质类药。
6. 如无特殊说明，HW12 类危险废物表述中的颜料不包括钛白颜料。
7. 如无特殊说明，HW40 类危险废物表述中的醚和醚类化合物不包括醚类物质聚合形成的聚合物。
8. 如无特殊说明，HW45 类危险废物表述中的有机卤化物不包括含卤素有机高分子化合物。

危险废物豁免管理清单

本清单各栏目说明：

1. “序号”指列入本目录危险废物的顺序编号；

2. “废物类别/代码”指列入本目录危险废物的类别或者代码；

3. “危险废物”指列入本目录危险废物的名称；

4. “豁免环节”指可不按危险废物管理的环节；

5. “豁免条件”指可不按危险废物管理应具备的条件，但仍应符合固体废物管理等生态环境相关法律法规和标准要求；

6. “豁免内容”指可不按危险废物管理的内容；

7. 《医疗废物分类目录》对医疗废物有其他豁免管理内容的，按照该目录有关规定执行；

8. 本清单引用文件中，凡是未注明日期的引用文件，其最新版本适用于本清单。

序号	废物类别/代码	危险废物	豁免环节	豁免条件	豁免内容
1	生活垃圾中的危险废物	家庭日常生活或者为日常生活提供服务的活动中产生的废药品、废杀虫剂和消毒剂及其包装物、废油漆和溶剂及其包装物、废矿物油及其包装物、废胶片及废像纸、废荧光灯管、废含汞温度计、废含汞血压计、废铅蓄电池、废镍镉电池和氧化汞电池以及电子类危险废物等	全部环节	未集中收集的家庭日常生活中产生的生活垃圾中的危险废物	全过程不按危险废物管理
			收集	按照各市、县生活垃圾分类要求，纳入生活垃圾分类收集体系进行分类收集，且运输工具和暂存场所满足分类收集体系要求	从分类投放点收集转移到所设定的集中贮存点的收集过程不按危险废物管理
2	HW01	床位总数在19张以下(含19张)的医疗机构产生的医疗	收集	按《医疗卫生机构医疗废物管理办法》等规定进行消毒和收集	收集过程不按危险废物管理

（续）

序号	废物类别/代码	危险废物	豁免环节	豁免条件	豁免内容
2	HW01	废物（重大传染病疫情期间产生的医疗废物除外）	运输	转运车辆符合《医疗废物转运车技术要求（试行）》（GB 19217）要求	不按危险废物进行运输
		不具备集中处置医疗废物条件的农村的医疗机构产生的医疗废物	全部环节	按照地方卫生健康部门、生态环境部门确定的方案进行医疗废物的处理处置	全过程不按危险废物管理
		重大传染病疫情期间产生的医疗废物	运输	按事发地的县级以上人民政府确定的处置方案进行运输	不按危险废物进行运输
		重大传染病疫情期间产生的医疗废物	处置	按事发地的县级以上人民政府确定的处置方案进行处置	处置过程不按危险废物管理

（续）

序号	废物类别/代码	危险废物	豁免环节	豁免条件	豁免内容
3	841－001－01	感染性废物	运输	按照《医疗废物处理处置污染控制标准》（GB 39707）以及《医疗废物高温蒸汽消毒集中处理工程技术规范》（HJ 276）或者《医疗废物化学消毒集中处理工程技术规范》（HJ 228）或者《医疗废物微波消毒集中处理工程技术规范》（HJ 229）进行处理后按生活垃圾运输	不按危险废物进行运输
			处置	按照《医疗废物处理处置污染控制标准》（GB 39707）以及《医疗废物高温蒸汽消毒集中处理工程技术规范》（HJ 276）或者《医疗废物化学消毒集中处理工程技术规范》（HJ 228）或者《医疗废物微波消毒集中处理工程技术规范》（HJ 229）进行处理后进入生活垃圾填埋场填埋或者进入生活垃圾焚烧厂焚烧	处置过程不按危险废物管理

（续）

序号	废物类别/代码	危险废物	豁免环节	豁免条件	豁免内容
4	841－002－01	损伤性废物	运输	按照《医疗废物处理处置污染控制标准》（GB 39707）以及《医疗废物高温蒸汽消毒集中处理工程技术规范》（HJ 276）或者《医疗废物化学消毒集中处理工程技术规范》（HJ 228）或者《医疗废物微波消毒集中处理工程技术规范》（HJ 229）进行处理后按生活垃圾运输	不按危险废物进行运输
		损伤性废物	处置	按照《医疗废物处理处置污染控制标准》（GB 39707）以及《医疗废物高温蒸汽消毒集中处理工程技术规范》（HJ 276）或者《医疗废物化学消毒集中处理工程技术规范》（HJ 228）或者《医疗废物微波消毒集中处理工程技术规范》（HJ 229）进行处理后进入生活垃圾填埋场填埋或者进入生活垃圾焚烧厂焚烧	处置过程不按危险废物管理

（续）

序号	废物类别/代码	危险废物	豁免环节	豁免条件	豁免内容
5	841－003－01	病理性废物（人体器官除外）	运输	按照《医疗废物处理处置污染控制标准》（GB 39707）以及《医疗废物高温蒸汽消毒集中处理工程技术规范》（HJ 276）或者《医疗废物化学消毒集中处理工程技术规范》（HJ 228）或者《医疗废物微波消毒集中处理工程技术规范》（HJ 229）进行处理后按生活垃圾运输	不按危险废物进行运输
			处置	按照《医疗废物处理处置污染控制标准》（GB 39707）以及《医疗废物高温蒸汽消毒集中处理工程技术规范》（HJ 276）或者《医疗废物化学消毒集中处理工程技术规范》（HJ 228）或者《医疗废物微波消毒集中处理工程技术规范》（HJ 229）进行处理后进入生活垃圾焚烧厂焚烧	处置过程不按危险废物管理

（续）

序号	废物类别/代码	危险废物	豁免环节	豁免条件	豁免内容
6	900－003－04	农药使用后被废弃的与农药直接接触或者含有农药残余物的包装物	收集	依据《农药包装废弃物回收处理管理办法》收集农药包装废弃物并转移到所设定的集中贮存点	收集过程不按危险废物管理
			运输	符合《农药包装废弃物回收处理管理办法》中的运输要求	不按危险废物进行运输
			利用	进入依据《农药包装废弃物回收处理管理办法》确定的资源化利用单位进行资源化利用	利用过程不按危险废物管理
			处置	符合《生活垃圾填埋场污染控制标准》（GB 16889）或者《生活垃圾焚烧污染控制标准》（GB 18485）要求，进入生活垃圾填埋场填埋或者进入生活垃圾焚烧厂焚烧	处置过程不按危险废物管理

（续）

序号	废物类别/代码	危险废物	豁免环节	豁免条件	豁免内容
7	900－210－08	船舶含油污水及残油经船上或者港口配套设施预处理后产生的需通过船舶转移的废矿物油与含矿物油废物	运输	按照水运污染危害性货物实施管理	不按危险废物进行运输
8	900－249－08	废铁质油桶（不包括900－041－49类）	利用	封口处于打开状态、静置无滴漏且经打包压块后，符合生态环境相关标准要求，作为生产原料用于金属冶炼	利用过程不按危险废物管理
9	900－200－08 900－006－09	金属制品机械加工行业珩磨、研磨、打磨过程，以及使用切削油或者切削液进行机械加工过程中产生的属于危险废物的含油金属屑	利用	经压榨、压滤、过滤或者离心等除油达到静置无滴漏后打包或者压块，符合生态环境相关标准要求，作为生产原料用于金属冶炼	利用过程不按危险废物管理

（续）

序号	废物类别/代码	危险废物	豁免环节	豁免条件	豁免内容
10	252-002-11 252-017-11 451-003-11	煤炭焦化、气化及生产燃气过程中产生的废高温煤焦油	利用	符合生态环境相关标准要求，作为粘合剂生产煤质活性炭、活性焦、碳块衬层、自焙阴极、预焙阳极、石墨碳块、石墨电极、电极糊、冷捣糊	利用过程不按危险废物管理
		煤炭焦化、气化及生产燃气过程中产生的废中低温煤焦油	利用	符合生态环境相关标准要求，作为煤焦油加氢装置原料生产煤基氢化油，且生产的煤基氢化油符合《煤基氢化油》（HG/T5146）技术要求	利用过程不按危险废物管理
		煤炭焦化、气化及生产燃气过程中产生的废煤焦油	利用	符合生态环境相关标准要求，作为生产原料生产炭黑	利用过程不按危险废物管理

（续）

序号	废物类别/代码	危险废物	豁免环节	豁免条件	豁免内容
11	900－451－13	采用破碎分选方式回收废覆铜板、线路板、电路板中金属后的废树脂粉	运输	运输工具满足防雨、防渗漏、防遗撒要求	不按危险废物进行运输
			处置	符合《生活垃圾填埋场污染控制标准》GB 16889）要求进入生活垃圾填埋场填埋，或者符合《一般工业固体废物贮存、处置场污染控制标准》（GB 18599）要求进入一般工业固体废物处置场处置	填埋处置过程不按危险废物管理
12	772－002－18	生活垃圾焚烧飞灰	运输	经处理后符合《生活垃圾填埋场污染控制标准》（GB 16889）要求，且运输工具满足防雨、防渗漏、防遗撒要求	不按危险废物进行运输

（续）

序号	废物类别/代码	危险废物	豁免环节	豁免条件	豁免内容
12	772－002－18	生活垃圾焚烧飞灰	处置	符合《生活垃圾填埋场污染控制标准》（GB 16889）要求进入生活垃圾填埋场填埋	填埋处置过程不按危险废物管理
			处置	符合《水泥窑协同处置固体废物污染控制标准》（GB 30485）和《水泥窑协同处置固体废物环境保护技术规范》（HJ 662）要求进入水泥窑协同处置	水泥窑协同处置过程不按危险废物管理
13	772－003－18	医疗废物焚烧飞灰	处置	符合《生活垃圾填埋场污染控制标准》（GB 16889）要求进入生活垃圾填埋场填埋	填埋处置过程不按危险废物管理
		医疗废物焚烧处置产生的底渣	全部环节	符合《生活垃圾填埋场污染控制标准》（GB 16889）要求进入生活垃圾填埋场填埋	全过程不按危险废物管理

（续）

序号	废物类别/代码	危险废物	豁免环节	豁免条件	豁免内容
14	772－003－18	危险废物焚烧处置过程产生的废金属	利用	符合生态环境相关标准要求，作为生产原料用于金属冶炼	利用过程不按危险废物管理
15	772－003－18	生物制药产生的培养基废物经生活垃圾焚烧厂焚烧处置产生的焚烧炉底渣、经水煤浆气化炉协同处置产生的气化炉渣、经燃煤电厂燃煤锅炉和生物质发电厂焚烧炉协同处置以及培养基废物专用焚烧炉焚烧处置产生的炉渣和飞灰	全部环节	生物制药产生的培养基废物焚烧处置或者协同处置过程不应混入其他危险废物	全过程不按危险废物管理

（续）

序号	废物类别/代码	危险废物	豁免环节	豁免条件	豁免内容
16	193－002－21	含铬皮革废碎料（不包括鞣制工段修边、削匀过程产生的革屑和边角料）	处置	符合《生活垃圾填埋场污染控制标准》（GB 16889）要求进入生活垃圾填埋场填埋，或者符合《一般工业固体废物贮存、处置场污染控制标准》（GB 18599）要求进入一般工业固体废物处置场处置	填埋处置过程不按危险废物管理
		含铬皮革废碎料	运输	符合《含铬皮革废料污染控制技术规范》（HJ 1274）运输工具要求	不按危险废物进行运输
			利用	符合生态环境相关标准要求，作为生产原料用于生产皮件、再生革或者静电植绒	利用过程不按危险废物管理
17	261－041－21	铬渣	利用	符合《铬渣污染治理环境保护技术规范（暂行）》（HJ/T 301）要求用于烧结炼铁	利用过程不按危险废物管理

（续）

序号	废物类别/代码	危险废物	豁免环节	豁免条件	豁免内容
18	900－052－31	未破损的废铅蓄电池	运输	运输工具满足防雨、防渗漏、防遗撒要求	不按危险废物进行运输
19	092－003－33	采用氰化物进行黄金选矿过程中产生的金精矿氰化尾渣	处置	符合《黄金行业氰渣污染控制技术规范》（HJ 943）要求进入尾矿库处置或者进入水泥窑协同处置	处置过程不按危险废物管理
20	HW34	仅具有腐蚀性危险特性的废酸	利用	符合生态环境相关标准要求，作为生产原料综合利用	利用过程不按危险废物管理
			利用	作为工业污水处理厂污水处理中和剂利用，且满足以下条件：废酸中第一类污染物含量低于该污水处理厂排放标准，其他《危险废物鉴别标准浸出毒性》（GB 5085.3）所列特征污染物含量低于 GB 5085.3 限值的 1/10	利用过程不按危险废物管理

（续）

序号	废物类别/代码	危险废物	豁免环节	豁免条件	豁免内容
21	HW35	仅具有腐蚀性危险特性的废碱	利用	符合生态环境相关标准要求，作为生产原料综合利用	利用过程不按危险废物管理
			利用	作为工业污水处理厂污水处理中和剂利用，且满足以下条件：液态碱或者固态碱按 HJ/T 299 方法制取的浸出液中第一类污染物含量低于该污水处理厂排放标准，其他《危险废物鉴别标准浸出毒性》（GB 5085.3）所列特征污染物低于 GB 5085.3 限值的 1/10	利用过程不按危险废物管理
22	323－001－48	仲钨酸铵生产过程中碱分解产生的碱煮渣（钨渣）和废水处理污泥	处置	符合《水泥窑协同处置固体废物污染控制标准》（GB 30485）和《水泥窑协同处置固体废物环境保护技术规范》（HJ 662）要求进入水泥窑协同处置	处置过程不按危险废物管理

（续）

序号	废物类别/代码	危险废物	豁免环节	豁免条件	豁免内容
23	900－041－49	废弃的含油抹布、劳保用品	全部环节	未分类收集	全过程不按危险废物管理
24	突发环境事件产生的危险废物	突发环境事件及其处理过程中产生的HW900－042－49类危险废物和其他需要按危险废物进行处理处置的固体废物，以及事件现场遗留的其他危险废物和废弃危险化学品	运输	按事发地的县级以上人民政府确定的处置方案进行运输	不按危险废物进行运输
			利用、处置	按事发地的县级以上人民政府确定的处置方案进行利用或者处置	利用或者处置过程不按危险废物管理

（续）

序号	废物类别/代码	危险废物	豁免环节	豁免条件	豁免内容
25	历史遗留危险废物	历史填埋场地清理，以及水体环境治理过程产生的需要按危险废物进行处理处置的固体废物	运输	按事发地的设区市级以上生态环境部门同意的处置方案进行运输	不按危险废物进行运输
			利用、处置	按事发地的设区市级以上生态环境部门同意的处置方案进行利用或者处置	利用或者处置过程不按危险废物管理
		实施土壤污染风险管控、修复活动中，属于危险废物的污染土壤	运输	修复施工单位制定转运计划，依法提前报所在地和接收地的设区市级以上生态环境部门	不按危险废物进行运输
			处置	符合《水泥窑协同处置固体废物污染控制标准》（GB 30485）和《水泥窑处置固体废物环境保护技术规范》（HJ 662）要求进入水泥窑协同处置	处置过程不按危险废物管理

（续）

序号	废物类别/代码	危险废物	豁免环节	豁免条件	豁免内容
26	900－044－49	阴极射线管含铅玻璃	运输	运输工具满足防雨、防渗漏、防遗撒要求	不按危险废物进行运输
27	900－045－49	废弃电路板	运输	运输工具满足防雨、防渗漏、防遗撒要求	不按危险废物进行运输
28	772－007－50	烟气脱硝过程中产生的废钒钛系催化剂	运输	运输工具满足防雨、防渗漏、防遗撒要求	不按危险废物进行运输
29	251－017－50	催化裂化废催化剂	运输	采用密闭罐车运输	不按危险废物进行运输

（续）

序号	废物类别/代码	危险废物	豁免环节	豁免条件	豁免内容
30	900－049－50	机动车和非道路移动机械尾气净化废催化剂	运输	运输工具满足防雨、防渗漏、防遗撒要求	不按危险废物进行运输
31	—	未列入本《危险废物豁免管理清单》中的危险废物或者利用过程不满足本《危险废物豁免管理清单》所列豁免条件的危险废物	利用	在环境风险可控的前提下，根据省级生态环境部门确定的方案，实行危险废物“点对点”定向利用，即：一家单位产生的一种危险废物，可作为另外一家单位环境治理或者工业原料生产的替代原料进行使用	利用过程不按危险废物管理

附录　生态环境部固体废物与化学品司有关负责人就《国家危险废物名录（2025 年版）》答记者问

近日，生态环境部、国家发展改革委、公安部、交通运输部和国家卫生健康委修订发布了《国家危险废物名录（2025 年版）》（以下简称《名录》）。针对《名录》修订有关情况，生态环境部固体废物与化学品司有关负责人回答了记者的提问。

问：《名录》修订的背景和意义是什么？

答：《名录》是危险废物环境管理的重要基础和关键依据。《名录》自 1998 年首次发布实施以来，历经 2008 年、2016 年和 2021 年 3 次修订，已经得到逐步完善，对构建我国危险废物鉴别标准体系、防范危险废物环境风险、支撑危险废物环境管理起到积极作用。

通过 2008 年和 2016 年两次较大幅度修订，《名录》的整体结构和主要内容已基本确定。随着我国危险废物环境管理要求的不断增强，以往 8—10 年的修订间隔已难以适应当前的管理需求。2021 年修订和此次修订主要是针对《名录》使用过程中发现的新问题、社会反映较为集中的问题进行修订，幅度较小，更具有时效性。

为了落实《中华人民共和国固体废物污染环境防治法》（以下简称《固废法》）关于“国家危险废物名录应当动态调整”等规定，我部会同国家发展改革委、公安部、交通运输部和国家卫生健康委对《名录》进行了修订。

《名录》修订工作是贯彻落实党中央、国务院关于严密防控危险废物环境风险的具体体现，也是落实《固废法》的具体举措，对防治危险废物污染环境，保障公众健康，维护生态安全具有重要意义。

问：这次《名录》修订遵循的原则是什么？

答：近两次《名录》修订的原则总体没有变化，也就是要坚持问题导向、坚持精准治污、坚持风险防控。本次《名录》修订特别注重以下三方面考虑。

一是精准及时。通过细化类别等方式，切实保证列入《名录》中危险废物的准确性；同时，及时研究社会反映较为集中的危险废物，有效响应社会关注热点。

二是科学有序。制定了关于《名录》修订研究工作机制和动态修订工作规程，保证修订依据科学、修订过程有序。

三是防控风险。根据危险废物的环境风险实行分级分类管理；在风险可控的前提下，实行有条件的豁免管理。

问：本次《名录》修订的主要内容有哪些？

答：《名录》由正文、附表和附录三部分构成，本次修订没有变化，主要对三部分有关内容进行了修改和完善。

正文部分：修改了第六条第二款，完善了鉴别后危险废物的归类管理。

附表部分：本《名录》共计列入470种危险废物，相比2021年版《名录》总共增加了3种。其中，根据危险废物产生工艺和管理实践，整合2种废物代码、拆分1种废物代码；新增4种普遍具有危险特性的锡冶炼废物。此外，修改了个别危险废物的文字表述或危险特性表述，还新增了6条注释。

附录部分：根据危险废物环境风险研究结果和各地环境管理实践，删除了2条豁免规定，新增了1条豁免规定，修改部分危险废物豁免条件表述。

问：正文第六条第二款修订的主要考虑是什么？

答：2021年版《名录》规定，不在《名录》中，但经鉴别具有危险特性的，也属于危险废物，且应当根据其主要有害成分和危险特性确定所属废物类别，并按代码“900-000-××”（××为危险废物类别代码）进行归类管理。

随着近几年危险废物鉴别工作全面推开，实际工作中发现，很多经鉴别具有危险特性的危险废物，存在与《名录》中已有危险废物的危险特性一致或相似的情形。

因此，本次修订明确，上述废物首先应当根据其主要有害成分和危险特性对照本名录中已有的废物代码进行归类；确实无法按已有废物代码归类的，才应当确定其所属废物类别，按代码“900-000-××”（××为危险废物类别代码）进行归类管理。这种鉴别归类方式更加科学，也便于危险废物后续的高效利用处置和精细化管理。

问：《名录》附表新增加了6条注释，是出于什么考虑？

答：为了能依据《名录》精准识别危险废物，本次《名录》在原有基础上新增了6条注释。

例如，新增的第1条注释规定：“本附表‘危险废物’列中表述的‘废××’或者‘废弃的××’，其中‘××’是指依据我国固体废物鉴别相关标准确定的固体废物”，进一步强调了《名录》与《危险废物鉴别标准　通则》（GB 5085.7）中鉴别程序的衔接，明确《名录》所列物质均应首先属于固体废物。也就是说，不属于固体废物的，那就不能依据《名录》来识别其是否属于危险废物，这一点非常重要。

此外，还新增了5条注释，对医药废物，废药物、药品，废矿物油与含矿物油废物，涂料、染料废物，含醚废物，含有机卤化物废物等废物范围作出限定。如，废弃的维生素不属于医药废物或废药物、药品类危险废物，废弃的动植物油脂不属于废矿物油与含矿物油废物。

问：《名录》附录中对“豁免条件”的说明新增加了“仍应符合固体废物管理等生态环境相关法律法规和标准要求”，主要考虑是什么？

答：这方面的修订，主要是为了解决实际工作中个别地方和单位对豁免管理理解不准确的问题。

首先要强调的是，《名录》附录《危险废物豁免管理清单》中的危险废物，仍属于危险废物。这里实行的豁免，是仅对危险废物在特定环节、特定条件下对其特定内容进行豁免，但并未豁免其危险废物的属性。

《名录》正文第三条对豁免管理作出了具体规定，“列入本名录附录《危险废物豁免管理清单》中的危险废物，在所列的豁免环节，且满足相应的豁免条件时，可以按照豁免内容的规定实行豁免管理”。例如，对于含油金属屑，其中属于危险废物的，在满足通过除油达到静置无滴漏后打包或者压块用于金属冶炼的条件下，利用过程可豁免管理；其他情形则不属于豁免范畴。

这次修订是为了进一步明确，列入《危险废物豁免管理清单》的危险废物及其相关豁免环节、豁免条件和豁免内容，不能简单地理解为不需要遵守其他任何管理规定，而是要符合固体废物等生态环境相关法律法规和标准要求。

问：本次修订新增农村医疗机构医疗废物豁免规定的主要考虑是什么？

答：这方面的修订也是为了解决基层遇到的实际问题。一些农村地区的医疗机构因地处偏远，医疗废物种类相对单一、风险相对较小，但是做到按时集中收集处理困难很大。

根据《医疗废物管理条例》第二十一条有关规定，对此类医疗废物作出豁免管理，明确不具备集中处置医疗废物条件的农村医疗机构产生的医疗废物，可以按照地方卫生健康部门、生态环境部门适合本地实际确定的方案进行处理处置，比如按照国家有关标准要求自行处理处置，或者采取符合当地实际的集中收集转运方式等，助力解决偏远地区医疗废物收集处置现实难题。

问：新《名录》实施后，地方生态环境部门和企业需要做哪些工作？

答：地方各级生态环境部门首先要加强《名录》的学习，同时要加强《名录》修订的解读、宣传培训等工作，指导帮助相关企业准确把握修订内容，及时解决危险废物属性认定有关问题。

《名录》自2025年1月1日起施行，生态环境部门和相关企业还需要做好《名录》有关修订内容与危险废物信息化管理以及管理计划、转移联单、许可证等环境管理制度衔接工作。例如：

（1）生态环境部门和相关企业应根据修订情况调整全国固体废物管理信息系统中危险废物有关信息，保证相关数据及时更新；针对实施豁免管理的危险废物，应根据此次修订内容，进一步核实相关豁免条件等信息，确保依法依规实施豁免管理。

（2）涉及本次修订增加或合并危险废物种类的产废企业，应及时做好向所在地生态环境部门申报危险废物等工作，及时变更危险废物管理计划和排污许可证等信息。

（3）持有危险废物经营许可证的企业，如相关危险废物种类和代码等发生变化的，持证企业和地方生态环境部门应及时作出变更。

（4）转移危险废物种类或代码等发生变化的，相关企业也应对转移申请和转移联单作出变更。